中等职业教育国家规划教材配套教学用书

盘发造

[美发与形象设计专业]

Panfa Zaoxing

主编　刘文华　周京红

主审　杨海涛

参编　张　玲　安计莲　郝广宏

高等教育出版社·北京

HIGHER EDUCATION PRESS　BEIJING

内容提要

本书是中等职业教育国家规划教材配套教学用书。

本书分为五个项目：项目一阐述盘发的基础知识；项目二和项目三以分布在中轴线和侧头线上具有代表性的设计盘发造型为范例，介绍盘发设计造型的技巧；项目四展示盘发造型的示范性技法，包括基本技法分步、作品呈现、饰物的搭配与制作；项目五展示精选的盘发造型实例。

本书可供中等职业学校美容美发与形象设计专业教学使用，也可作为美发师的培训教材，还可供美发爱好者、美发师、美发产品经营者参考。

前言

当今社会经济繁荣，人民生活水平不断提高，美容美发与形象设计行业空前发展。社会需要越来越多的由中等职业教育培养的具有较高综合素质和过硬专业技术的现代美容美发与形象设计人才。

"盘发造型"是中等职业学校美容美发与形象设计专业开设的一门核心课程。本书的编者有多年的美容美发行业教学和从业经验，从盘发造型的基础着手，由浅入深、循序渐进地介绍了盘发造型的相关技术技巧。书中选取的案例是从众多盘发造型素材中，通过筛选、提炼、加工设计而成的。它所表现的构成技法，不但有说明文字、发型效果图，还配有大量的手绘分解图，剖析各种盘发步骤，来体现每款造型效果，便于学生在练习、操作的实践中，有直观、形象的认识。学生只要按照分解图的步骤操作，就能顺利完成每款造型。

本书分为五个项目。项目一主要阐述了盘发基础知识的三个方面：盘发设计线与定位，线（头缝与耳上线）的位置与作用，盘发前对头发现状的分析与处理方法。项目二和项目三以分布在中轴线和侧头线上具有代表性的盘发造型为范例，介绍盘发造型的设计技巧。图例采用手工线描方式，来展示发丝走向及发型的主图效果，同时运用文字说明与步骤分解图来阐述发型效果。并且提供代表不同盘发造型效果的图片供学生欣赏。学生通过对多个范例的学习和模仿，可举一反三，从而产生创作意识。项目四主要展示了盘发造型的示范性技法，包括基本技法分步骤讲解、作品呈现、饰品的制作与选取等。项目五展示了一些盘发造型实例，学生在模仿、实践、反复练习前文介绍的范例之后，欣赏这些盘发造型实例从而产生创作兴趣，将盘发基础知识与盘发技巧巧妙地融合之后，能创作出适合生活需求、适应不同场合、千变万化、时尚、美丽的发型。

本书由行业资深专家刘文华，北京市实美职业学校美发高级技师、北京市首届发型名师周京红任主编；行业专家杨海涛任主审；北京市黄庄职业高中张玲、安计莲，广州市商贸旅游职业学校郝广宏参与了本书的编写。北京市实美职业学校美术高级教师周庆为本书绘制盘发步骤分解图，北京市实美职业学校宋诗卿、魏文慧同学协助整理了大量的发型图片资料，在此对他们表示感谢。

希望本书的出版，能从技术水平升华和形象设计思维上，为热爱美容美发和形象设计事业的学习者和从业者提供帮助，为他们提供相关的基础知识和可视的参考资料，以利于在他们操作实践中，更好地美化人民生活，服务于社会。

由于编写时间仓促，编者水平有限，书中难免会出现一些疏漏及不当之处，敬请广大读者批评指正。读者意见反馈信箱：zz_dzyj@pub.hep.cn。

编者

2013年4月

目录

STYLE

[2]

STYLE

[3]

STYLE

[4]

STYLE

[5]

STYLE

[1]

项目一
掌握盘发基础知识

在盘发造型前，设计师要对不同气质的人的头发进行细致观察，对头发的长度、发质等进行分析，如发现有不便于盘发成型因素时，可做选择性的加工处理，以便更有效地达到预想的效果。

PART

1

任务一
盘发前分析头发

一、头发长度

按头发的长度分类，从发根到发梢的测量长度，盘发的头发长度一般分为四种：短发、中长发、长发、超长发。

短发长度为10～20cm，中长发长度为21～30cm，长发长度为31～40cm，超长发长度为41cm及以上。只有了解头发长度，才能准确定位并盘出好的造型，因为它是设计盘发造型的重要基础。一定要很好地运用头发长度，结合每个人的其他相关客观条件，设计出盘发特有的造型美。

二、头发性质

头发性质（发质）有粗硬、细软、薄、厚之分。

（1）头发发质粗硬者，头发多而厚、弹性强、柔软性差，必要时可做适当的曲线处理，使其产生较为柔软、动感的效果。
（2）头发发质细软者，头发少而薄，弹性弱、盘发造型容量差，使造型的饱满度受到影响，必要时除削发加强支撑外，还要适当运用假发，采用填充法或延长法，以弥补发量的不足。填充法：将填充发置放于造型内与其融为一体而不外漏的方法。延长法：将填充发置放于造型中与其融为一体并延展造型效果的方法。也可以将头发打湿编成三股发辫，

等其干透后拆开，使头发产生蓬松感，从而增加在盘发造型时的容量。

三、头发层次

头发层次分为：高层次、低层次、零度层次、内层次、参差层次等。

高层次是上短下长。低层次是上长下短。零度层次是下边线呈平齐。内层次是里边短外边长。参差层次是头发长短相互错落，如现今流行的碎装发式，即效果强烈的参差层次。头发不同的层次落差现状，对盘发造型设计影响很大。盘发造型不但要美观而且要牢固，因此一定要根据头发的客观条件进行造型，因势利导、不可强求，使盘发造型在牢固中体现美感。

盘发艺术由历史上的长发造型演变至今，其形式虽有质的变化，但将长发盘成短发的基本造型特点没有变。生活发型必须牢固实用，因此较长的头发，是盘发质量较好的保障条件。

四、常用的处理方法

在盘发前，首先要观察头发的顺滑程度。如果头发过滑、过散、过碎，就要事先做涩度处理。其方法是用摩丝或发胶在头发上全面喷洒、涂抹，为加速干燥可用吹风机的风温辅助处理；也可选用少量凡士林油涂抹在头发上，使头发之间产生粘连。在盘发前不要洗发，即使要洗发也最好不用护发素，使头发洗后不过分松散。其次，要观察发花的卷曲度，如果发花过多而又影响盘发效果时，可用吹风机的风温做拉直处理或者做成发卷，吹干后拆去发卷，使头发形成有弹力而又柔和的弯曲。总之，发质的涩度和头发的柔韧性，对盘发造型的质量，都起着重要作用。

PART

2

任务二
掌握盘发设计线与定位

盘发设计线（又称假设线，以下简称设计线），是为了盘发设计在头部划的虚拟线，不是真实存在的线。设计线在盘发上是用来引导定位的。头部任何位置都可以定位，但是必须在繁多的定位中找出规律。设计线就是盘发定位的规律线，只要按设计线进行定位练习，进步就会很快；在掌握它的基础上进行创意，效果会更好。设计线分为中轴线和侧头线两条。

定位是指盘发造型定的位置。定位主要包括以下几点：定点、定基、定高（厚）。

定点：是盘发造型的核心，主要是配合个性需求。定基：指盘发造型底部的基础面积，主要是配合头型和脸型。定高：指盘在头顶部的造型高度。定厚：指盘在头后部的造型厚度，主要是配合身材和场合。
定位分为：中轴线定位和侧头线定位。

一、中轴线与定位

1. 中轴线
如图1-1和图1-2所示，从前发际线正中向后至后颈项发际线正中的一条虚拟线，称为中轴线。

2. 中轴线定位
中轴线定位有：单定位和综合定位两种。

（1）中轴线的单定位：指在中轴线上独立的定位，常用的定位有三个部位，即高位、前位和低位。高位：距前发际线约12cm（图1-3）。前位：距前发际约4cm（图1-4）。低位：在枕骨高点正中部位（图1-5）。

（2）中轴线综合定位：中轴线上有两个以上的定位，称为综合定位。常用的有以下两种：前位与低位组合（图1-6）、高位与低位组合（图1-7）。

二、侧头线与定位

1. 侧头线
侧头线分为左侧头线和右侧头线。侧头线起于前发际线两侧的3：7缝处，向后至颈项发际线。颈项处的侧头线，距外侧发际线约3cm。一侧形成的线，为单侧头线；两侧形成的线，为双侧头线。

（1）单侧头线：单侧头线的走向如图1-8和图1-9所示。

（2）双侧头线：双侧头线的走向如图1-10和图1-11所示。

2. 侧头线常用定位
（1）单侧头线定位：若两条侧头线只在一条线上，采取独立定位，即侧头线定位。它分为：侧高定位（图1-12）、侧低定位（图1-13）和侧前定位（图1-14）。

（2）双侧头线定位：包括对称定位和非对称定位。

① 对称定位：两条侧头线上相互平行的定位。常用定位有：高对称定位（图1-15）和低对称定位（图1-16）。

② 非对称定位：两条侧头线上相互错开的定位。它分为：前后非对称定位（图1-17）、前中非对称定位（图1-18）和高低非对称定位（图1-19）。

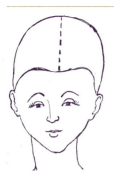

图1-1 中轴线前示意图

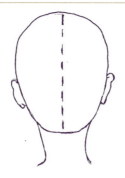

图1-2 中轴线后示意图

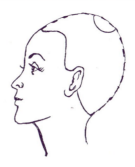

图1-3 中轴高定位示意图

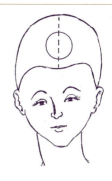

图1-4 中轴前定位示意图

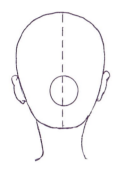

图1-5 中轴低定位示意图

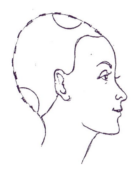

图1-6 前位与低位组合示意图

图1-7 高位与低位组合示意图

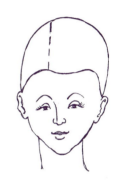

图1-8 单侧头线前示意图

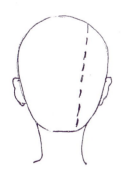

图1-9 单侧头线后示意图

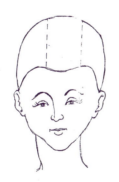

图1-10 双侧头线前示意图

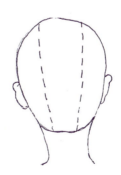

图1-11 双侧头线后示意图

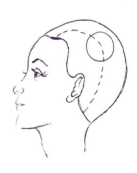

图1-12 侧高定位示意图

项目一　掌握盘发基础知识

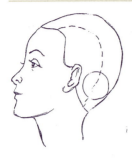

图1-13 侧低定位示意图

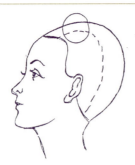

图1-14 侧前定位示意图

图1-15 高对称定位示意图

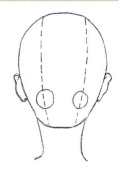

图1-16 低对称定位示意图

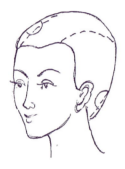

图1-17 前后非对称定位示意图

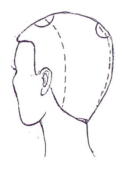

图1-18 前中非对称定位示意图

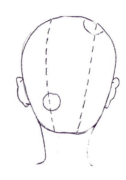

图1-19 高低非对称定位示意图

PART

3

任务三
掌握头缝与耳上线的位置及作用

一、头缝的位置及作用

如图1-20所示，从前额发际线向上分九条头缝。常用的头缝有直线、曲线、折线，可单线用也可多线组合用。头缝的设计应配合外在客观条件和人的内在的个性。它分为：1∶9缝、2∶8缝、3∶7缝、4∶6缝、5∶5缝。其位置如下：1∶9缝与两眉梢相对，2∶8缝与两眉峰相对，3∶7缝与眼球正中相对，4∶6缝与两眉头相对，5∶5缝与鼻梁正中相对。

二、耳上线的位置及作用

1. 耳上线的位置

如图1-21所示，从前额发际线向内10cm处开始向左右分一条连线至两耳尖高点，但不超过外耳轮。

2. 耳上线的作用

它把头发分成前后两大块面，盘发造型时多用以配合人的客观条件，扬其优点遮盖其不足，给以美感。

（1）前块面：如图1-22所示，用3∶7缝，把前块面再细分成三个块面，每个块面都称为发区。额上面的中间块面，称为前发区；左右两侧块面，称为左右侧发区。长方形和三角形前发区最常用。发区多用于配合脸型，前发区设计成刘海，用于配合前额部位；可配合面颊部位设计左右侧发区的宽窄。

（2）后块面：如图1-23所示，耳上线后面的部位，称为后发区，造型多用于配合身材。如，头发向顶上造型，有升高身材之感，使人亭亭玉立；向后下部造型，给人以身材圆润之感，体现出庄重、大方、高雅的美。

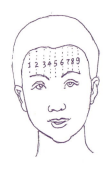

图1-20 头缝示意图

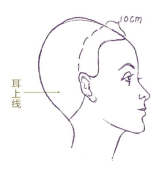

图1-21 耳上线示意图

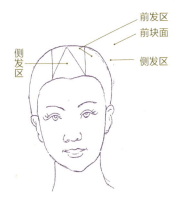

图1-22 前块面示意图

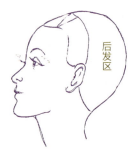

图1-23 后块面示意图

练一练

1. 盘发前需要对顾客的头发进行哪些分析?

2. 盘发设计线与定位的关系?

3. 头缝的作用?

盘发造型

STYLE

[2]

项目二
设计中轴线盘发造型

在给模特盘发造型时，需要先考虑造型的设计线。设计线就是盘头定位的规律线。本项目主要学习利用中轴线设计高、低、前位的盘发造型技法以及综合运用。

PART

1

任务一
设计中轴线高位盘发造型

下面以图2-1和图2-2所示的盘发造型为例，介绍中轴线高位（以下简称中高位）盘发技巧。

一、操作步骤

（1）如图2-3和图2-4所示，分2：8缝组合三角形前发区，把余下的头发，全部束在顶部形成发束。

（2）如图2-5和图2-6所示，把前发区向斜后梳理，前面遮盖前额大半部形成刘海；后部发尾在中央固定，顶部发束分成前、后两小束。

（3）如图2-7所示，将两小束中的后小束向下打扁卷，压在前发区发尾上方，前发区发尾向下做成S环。

（4）如图2-8所示，将两发束中的前小束，分成图示的1、2、3股。

（5）如图2-9和图2-10所示，把第一、二股发束各分两小股，每小股各打两个圆卷，把第三股发束再分成两小股。

（6）如图2-11所示，将步骤（5）分的两小股头发在底部发卷上面各打两个圆卷。完成中高位盘发造型。

二、适宜发长和结构形式

适宜发长：长发，31 ~ 40cm。
结构形式：扁卷与圆卷组合。

三、中高位造型欣赏

图2-12展示了24组中高位造型，以供大家欣赏。学有余力的同学也可按照图上展示的范例，进行练习。

a

盘发造型

b   c

图2-1 中高位范例图

项目二 设计中轴线盘发造型

a   b

图2-2 中高位造型图

图2-3 步骤示意图1   图2-4 步骤示意图2

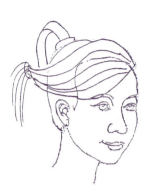

图2-5 步骤示意图3

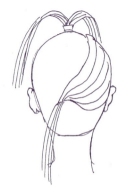

图2-6 步骤示意图4

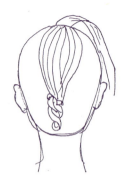

图2-7 步骤示意图5

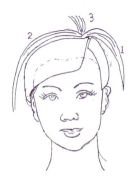

图2-8 步骤示意图6

图2-9 步骤示意图7

图2-10 步骤示意图8

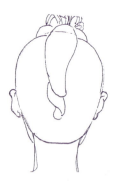

图2-11 步骤示意图9

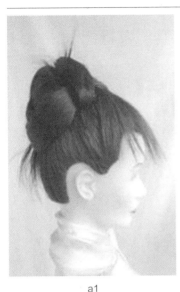

a1

a2

a3

b1

b2

b3

项目二 设计中轴线盘发造型

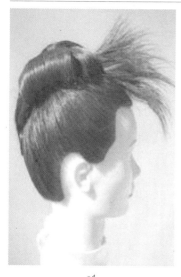

c1

c2

d1

d2

d3

e1

　　　　　　　　　　　　　　盘发造型

e2

项目二　设计中轴线盘发造型

f1

f2

g1

g2

g3

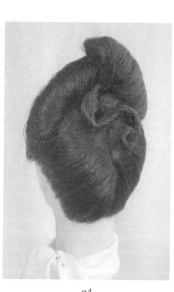

g4

盘发造型

h1

h2

i1

i2

i3

j1

j2

k1

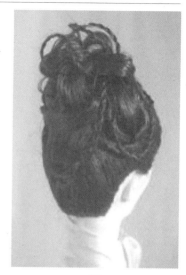

k2

k3

l1

l2

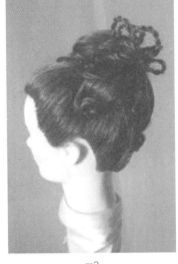

m1   m2   n1

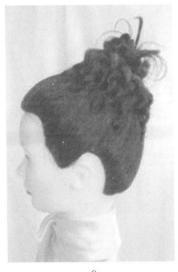
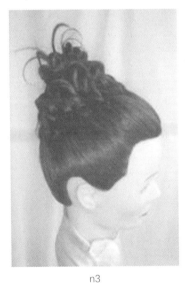
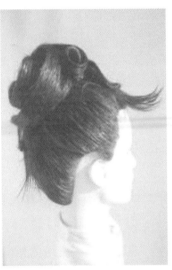

n2   n3   o1

项目二　设计中轴线盘发造型

o2   o3   p1

p2   p3   q1

q2   q3   r1

r2   r3   s1

s2

t1

t2

t3

t4

u1

盘发造型

u2

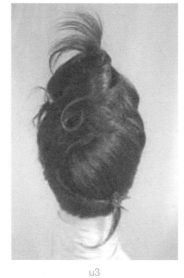

u3

v1

v2

w1

w2

项目二　设计中轴线盘发造型

w3

w4

x1

x2

x3

x4

图2-12 中高位造型欣赏

项目二　设计中轴线盘发造型

PART

2

任务二
设计中轴线低位盘发造型

下面以图2-13和图2-14所示的盘发造型为例，介绍中轴线低位（以下简称中低位）盘发技巧。

一、操作步骤

（1）如图2-15所示，分耳上垂直线，分一侧3：7缝线，组成前面的大、小侧发区。

（2）如图2-16所示，将后面头发分成均等的三块面。

（3）如图2-17和图2-18所示，将后面三块面的头发操作成一搭二、三搭一，三股头发在交错中分别固定。

（4）如图2-19至图2-21所示，将固定的发股各打一个扁卷，组成品字形状。

（5）如图2-22所示，将小侧发区向上拧成锥形绳卷，发尾拉向顶部。

（6）如图2-23至图2-25所示，大侧发区从耳尖向上拧，至小侧发区的3：7缝处，形成的两个绳卷相互交叉。

（7）如图2-26所示，把两个交叉的绳卷合在一起，向后组成S形，发尾藏在发卷里面。完成中低位盘发造型。

二、适宜发长和结构形式

适宜发长：长发，31 ~ 40cm。
结构形式：扁卷与绳卷组合。

三、中低位造型欣赏

图2-27展示了10组中低位造型，以供大家欣赏。学有余力的同学也可按照图上展示的范例，进行练习。

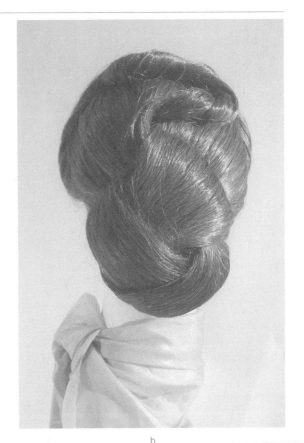

a

b

图2-13 中低位范例图

项目二　设计中轴线盘发造型

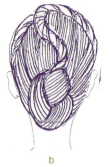
a   b

图2-14 中低位造型图

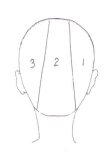

图2-15 步骤示意图1

图2-16 步骤示意图2

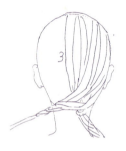

图2-17 步骤示意图3

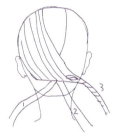

图2-18 步骤示意图4

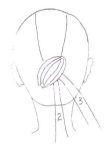

图2-19 步骤示意图5

图2-20 步骤示意图6

图2-21 步骤示意图7

图2-22 步骤示意图8

图2-23 步骤示意图9

图2-24 步骤示意图10

图2-25 步骤示意图11

图2-26 步骤示意图12

盘发造型

a1

a2

a3

b1

项目二　设计中轴线盘发造型

b2

b3

c1

c2

　　　　　　　　　　　　　盘发造型

c3

d1

d2

e1

项目二　设计中轴线盘发造型

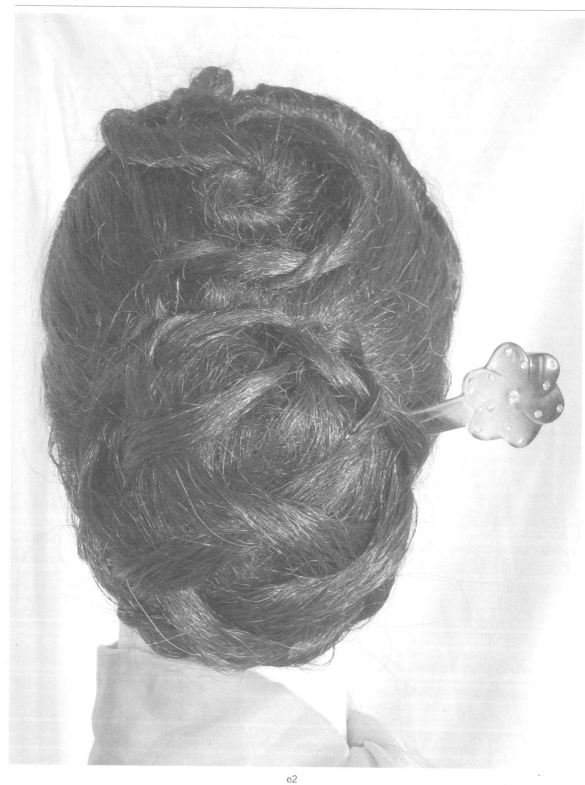

e2

34

盘发造型

e3

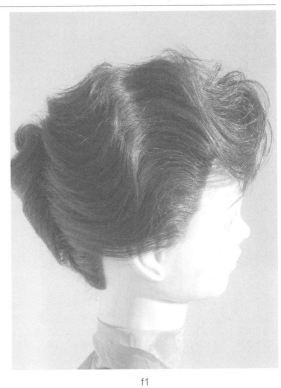

f1

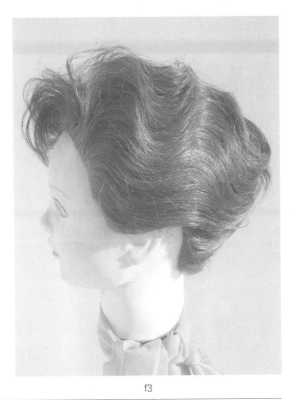

f2

f3

项目二 设计中轴线盘发造型

g1

g2

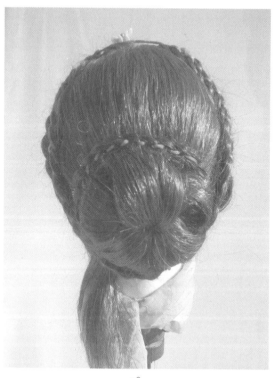

g3

h1

盘发造型

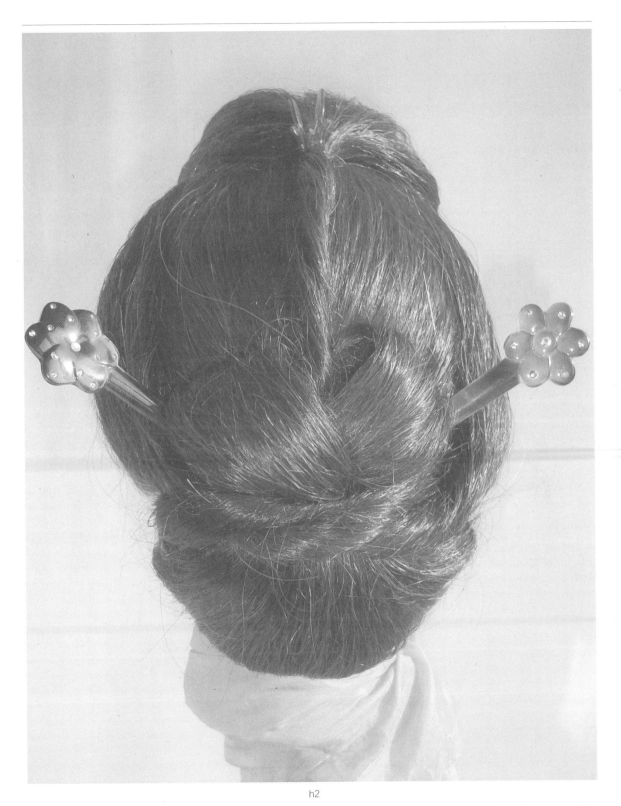

h2

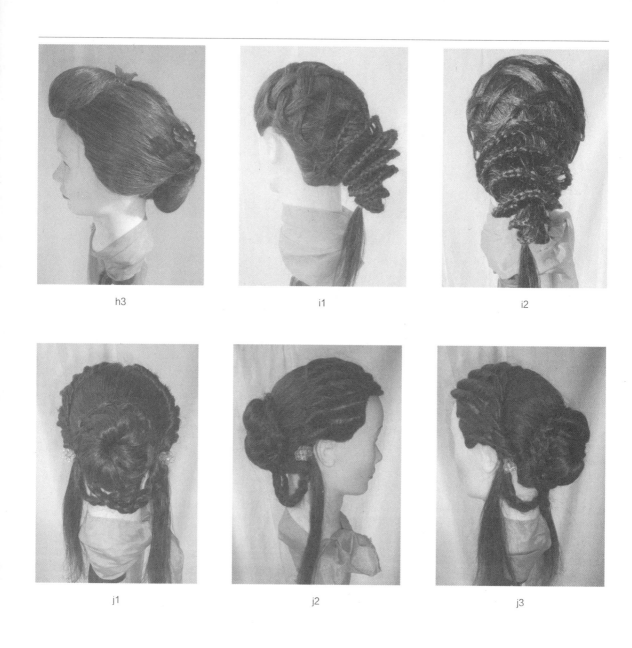

h3   i1   i2

j1   j2   j3

图2-27 中低位造型欣赏

PART

3

任务三
设计中轴线前位盘发造型

下面以图2-28和图2-29所示的盘发造型为例，介绍中轴线前位（以下简称中前位）盘发技巧。

一、操作步骤

（1）如图2-30和图2-31所示，分耳上线，分3∶7缝，组成前发区、左右侧发区。由顶线组成顶发区和后发区，把后发区分出三个块面。

（2）如图2-32和图2-33所示，把前、顶和后发区的第一块面的头发，梳至前定位点，束成发束。

（3）如图2-34和图2-35所示，在左、右侧发区，分别将头发向上打成锥形卷，发尾向上甩出。

（4）如图2-36所示，将后发区左、右块面各分出三个小区间。

（5）如图2-37所示，交叉下部1、2小区间的头发。

（6）如图2-38所示，交叉3、4小区间与1、2小区间的头发。

（7）如图2-39所示，把5、6小区间与1、2、3、4小区间的头发，向上编成六股辫。

（8）如图2-40和图2-41所示，六股辫编到顶部时，每侧各编三股辫，随编随向外拉环，编完后团在前发束旁。

（9）如图2-42和图2-43所示，将两侧发区的发尾拧编成两股辫，并把少量发丝拉成环状，团在前发旁。

（10）如图2-44和图2-45所示，从前发束中分出四股头发，各编成两股圆辫，随编随向外拉发环。

（11）如图2-46所示，已编成的连环发辫，再通过布局形成预想的造型效果。完成中前位盘发造型。

二、适宜发长和结构形式

适宜发长：长发，31～40cm。
结构形式：连环发辫与编织辫组合。

三、中前位造型欣赏

图2-47展示了8组中前位造型，以供大家欣赏。学有余力的同学也可按照图上展示的范例，进行练习。

a   b   c

图2-28 中前位范例图

a   b

图2-29 中前位造型图

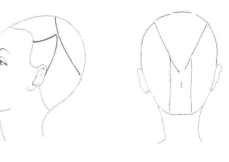

图2-30 步骤示意图1   图2-31 步骤示意图2

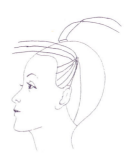

图2-32 步骤示意图3   图2-33 步骤示意图4   图2-34 步骤示意图5   图2-35 步骤示意图6

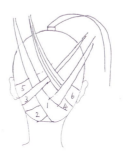

图2-36 步骤示意图7   图2-37 步骤示意图8   图2-38 步骤示意图9   图2-39 步骤示意图10

项目二　设计中轴线盘发造型

图2-40 步骤示意图11

图2-41 步骤示意图12

图2-42 步骤示意图13

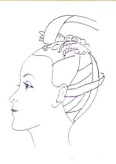

图2-43 步骤示意图14

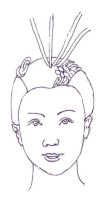

图2-44 步骤示意图15

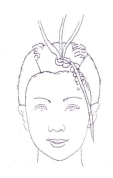

图2-45 步骤示意图16

图2-46 步骤示意图17

a1

a2

a3

b1

b2

c1

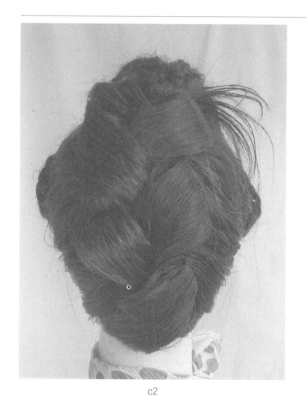

c2

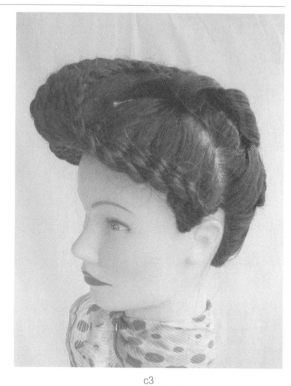

c3

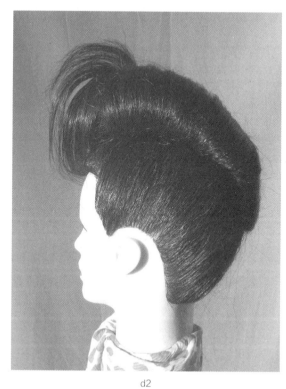

d1

d2

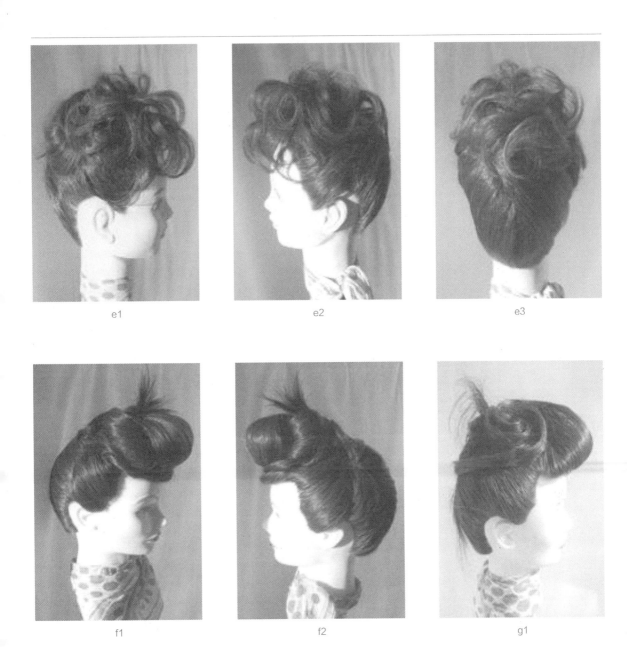

e1

e2

e3

f1

f2

g1

项目二　设计中轴线盘发造型

g2

g3

h1

h2

h3

图2-47 中前位造型欣赏

PART

4

任务四
设计中轴线综合盘发造型

下面以图2-48和图2-49所示的盘发造型为例，介绍中轴线综合造型盘发技巧。

一、操作步骤

（1）如图2-50至图2-52所示，分耳上线，从2：8缝向中间分折线组成左右侧发区。

（2）如图2-53所示，后部发区中，将头发枕骨高点旁束成发束。

（3）如图2-54所示，将左侧发区分上、下两个小区间。

（4）如图2-55至图2-57所示，将上下两区间发束在颞骨部进行交叉，然后再上下扭转换位。

（5）如图2-58和图2-59所示，将上边的发束分出两股，把第一股打成小发环。

（6）如图2-60所示，将第二股在小环外围打一个大的发环，将两发环相套，下边的发束在前发环后边打一个平环。

（7）如图2-61至图2-63所示，在右侧发区，从前额上缘向上卷拉头发，形成卧立环。然后将头发逐渐拧成绳卷，绕在后发束上。

（8）如图2-64和图2-65所示，将后发束分成两小束，左小束占总发量的1/3，再将它分成两股。

（9）如图2-66和图2-67所示，将第一股打小环，第二股打大环，并将两环协调地套在一起。

（10）如图2-68所示，将右小束分成三股。

（11）如图2-69至图2-71所示，把三股发束分别展成发片，由右方向左方分别打成错位发环。完成中轴线综合盘发造型。

二、适宜发长和结构形式

适宜发长：超长发，41cm及以上。
结构形式：发环交叉组合成型。

三、中轴线综合造型欣赏

图2-72展示了12组中轴线综合造型，以供大家欣赏。学有余力的同学也可按照图上展示的范例，进行练习。

a

b

c

d

图2-48 中轴线综合造型范例图

盘发造型

a

b

c

图2-49 中轴线综合造型图

图2-50 步骤示意图1

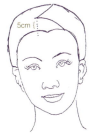

图2-51 步骤示意图2

图2-52 步骤示意图3

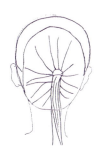

图2-53 步骤示意图4

图2-54 步骤示意图5

图2-55 步骤示意图6

图2-56 步骤示意图7

图2-57 步骤示意图8

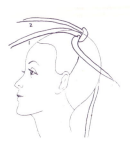

图2-58 步骤示意图9

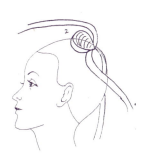

图2-59 步骤示意图10

图2-60 步骤示意图11

图2-61 步骤示意图12

图2-62 步骤示意图13

项目二 设计中轴线盘发造型

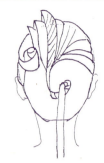

图2-63 步骤示意图14

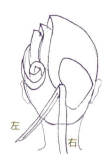

图2-64 步骤示意图15

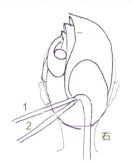

图2-65 步骤示意图16

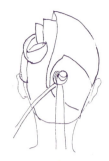

图2-66 步骤示意图17

图2-67 步骤示意图18

图2-68 步骤示意图19

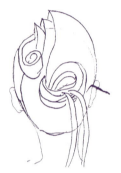

图2-69 步骤示意图20

图2-70 步骤示意图21

图2-71 步骤示意图22

盘发造型

a1

a2

a3

b1

b2

b3

项目二　设计中轴线盘发造型

c1

c2

c3

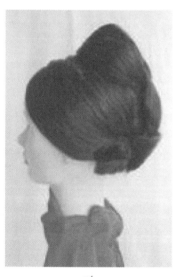

c4

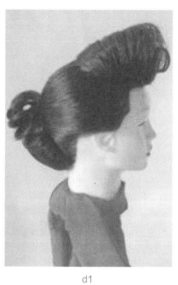

d1

d2

d3

e1

e2

e3

f1

f2

f3

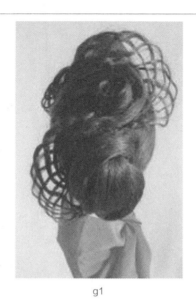

g1

g2

g3

h1

h2

h3

h4

i1

i2

i3

j1

项目二　设计中轴线盘发造型

j2　　　　　　　　　　j3　　　　　　　　　　k1

k2　　　　　　　　　　k3　　　　　　　　　　l1

56　　　　　　　　　　　　　　　　　　　盘发造型

|2 |3 |4

图2-72 中轴线综合造型欣赏

练一练

1. 请根据顾客条件，设计并制作一款中高位盘发造型。
2. 请根据顾客条件，设计并制作一款中低位盘发造型。
3. 请根据顾客条件，设计并制作一款中前位盘发造型。
4. 请根据顾客条件，设计并制作一款中轴线综合盘发造型。

项目二　设计中轴线盘发造型

STYLE

[3]

项目三
设计侧头线盘发造型

专业设计师根据模特头部特点进行设计线的定位。本
项目主要学习利用单侧线、双侧线设计高、低、前位
的盘发造型技法并灵活运用。

PART

1

任务一
设计单侧线高位盘发造型

下面以图3-1和图3-2所示的盘发造型为例,介绍单侧线高位盘发技巧。

一、操作步骤

(1)如图3-3所示,分耳上线,形成前后两大块面。前块面最大宽度为10cm。

(2)如图3-4和图3-5所示,将前块面的头发全部梳向一侧,扎成一个大发束,然后再分成左右两束。

(3)如图3-6和图3-7所示,将右束分成小股,编侧三股加股辫。编到三四个股花时,将外边发股向左侧甩出半股,留待步骤(4)中编左侧辫使用,其余

向下编成站立辫,发尾甩向下方。

(4)如图3-8所示,同样将左束编成三股加股站立辫。把步骤(3)中留出的一股头发,作为左侧三股中的一股,向下编成弧形辫,发尾与右侧发尾辫合在一起,组成椭圆形。

(5)如图3-9和图3-10所示,将后块面再分成两发区,分别交叉上梳固定于上方,留出发尾。

(6)如图3-11所示,将两个发尾各做成发卷,发梢从两卷中甩出成放射状。

二、适宜发长和结构形式

适宜发长:超长发,41cm及以上。
结构形式:站立辫与发卷组合。

三、单侧线高位造型欣赏

图3-12展示了13组单侧线高位造型,以供大家欣赏。学有余力的同学也可按照图上展示的范例,进行练习。

项目三 设计侧头线盘发造型

a

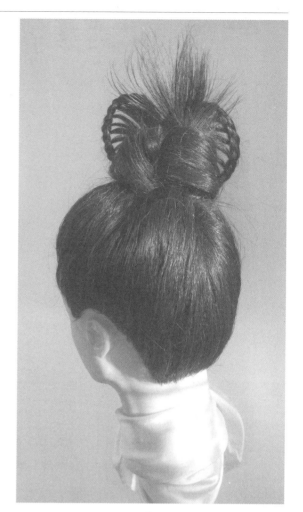

b

图3-1 单侧线高位范例图

　　　　　　　　　　　　　　　　　盘发造型

a

b

图3-2 单侧线高位造型图

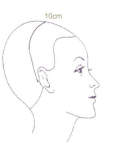

图3-3 步骤示意图1

图3-4 步骤示意图2

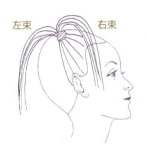

图3-5 步骤示意图3

图3-6 步骤示意图4

图3-7 步骤示意图5

图3-8 步骤示意图6

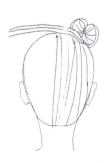

图3-9 步骤示意图7

图3-10 步骤示意图8

图3-11 步骤示意图9

项目三　设计侧头线盘发造型

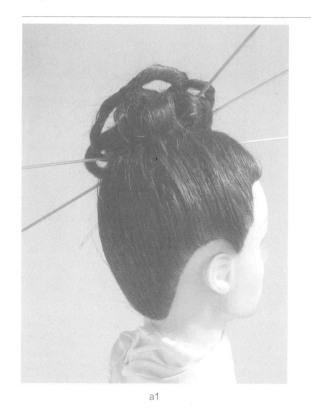

a1

a2

a3

b1

　　　　　　　　　　　　　　　　　盘发造型

b2

b3

c1

c2

项目三　设计侧头线盘发造型

c3

d1

d2

d3

盘发造型

e1

项目三　设计侧头线盘发造型

e2

e3

f1

f2

盘发造型

f3

g1

g2

h1

项目三 设计侧头线盘发造型

h2

i1

i2

i3

盘发造型

j1

j2

j3

k1

项目三 设计侧头线盘发造型

k2

盘发造型

k3

l1

l2

l3

项目三 设计侧头线盘发造型

m1

盘发造型

m2

m3

图3-12 单侧线高位造型欣赏

项目三　设计侧头线盘发造型

PART

2

任务二
设计单侧线低位盘发造型

下面以图3-13和图3-14所示的盘发造型为例,介绍单侧线低位盘发技巧。

一、操作步骤

(1)如图3-15和图3-16所示,分3∶7缝至大侧面耳后2cm处组成侧发区,宽度为3cm。

(2)如图3-17至图3-19所示,除侧发区外,将其余头发束在右侧低位点梳成一个大发束,把侧发区分成七个小块面。

(3)如图3-20和图3-21所示,将每个小块面的头发分别向后梳理成发片。

(4)如图3-22所示,将第一片发片打成圆卷,发尾拉在第二片发片上面。

(5)如图3-23所示,将第二片发片打成圆卷,把第一片发尾压在圆卷的下面,第二片发尾再拉在第三片发片上面。

(6)如图3-24和图3-25所示,重复步骤(4)和步

骤(5),直至最后一个圆卷打完。将余下的发梢拉向后发束旁。

(7)如图3-26所示,把后发束分成五小束。

(8)如图3-27和图3-28所示,从第一小束中分出一条细股与第一小束交叉,然后将小发束打圆卷后,发尾甩向细股的对面。

(9)如图3-29所示,将细股与甩出的发尾合并后打成发环。

(10)如图3-30所示,从第二小束中分出一条细股与第二小束交叉,然后将小发束打圆卷,发尾甩向细股对面。

(11)如图3-31所示,将细股与甩出的发尾合并后打成发环。

(12)如图3-32所示,重复步骤(8)和步骤(9),直至五个发束组成一朵花形发髻。

二、适宜发长和结构形式

适宜发长:长发,31～40cm。
结构形式:发卷与发环组合。

三、单侧线低位造型欣赏:

图3-33展示了6组单侧线低位造型,以供大家欣赏。学有余力的同学也可按照图上展示的范例,进行学习。

盘发造型

a

b

c

d

图3-13 单侧线低位范例图

项目三 设计侧头线盘发造型

a   b

图3-14 单侧线低位造型图

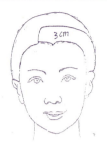

图3-15 步骤示意图1

图3-16 步骤示意图2

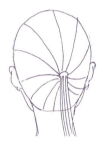

图3-17 步骤示意图3

图3-18 步骤示意图4

图3-19 步骤示意图5

图3-20 步骤示意图6

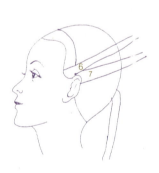

图3-21 步骤示意图7

图3-22 步骤示意图8

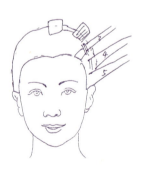

图3-23 步骤示意图9

图3-24 步骤示意图10

盘发造型

图3-25 步骤示意图11

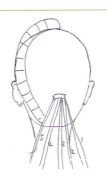

图3-26 步骤示意图12

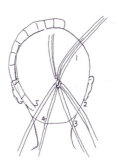

图3-27 步骤示意图13

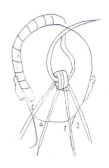

图3-28 步骤示意图14

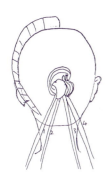

图3-29 步骤示意图15

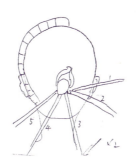

图3-30 步骤示意图16

图3-31 步骤示意图17

图3-32 步骤示意图18

a1

盘发造型

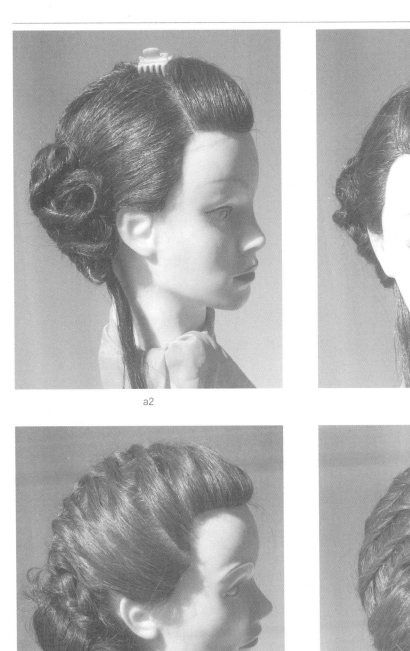

a2

a3

b1

b2

项目三 设计侧头线盘发造型

b3

c1

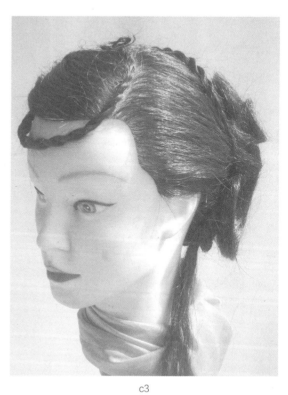

c2

c3

盘发造型

d1

d2

d3

e1

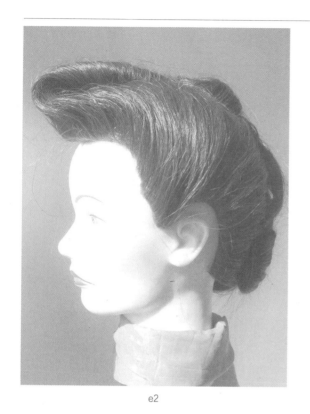

e2

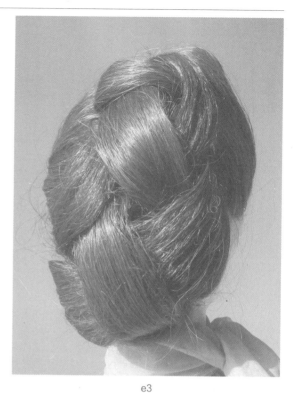

e3

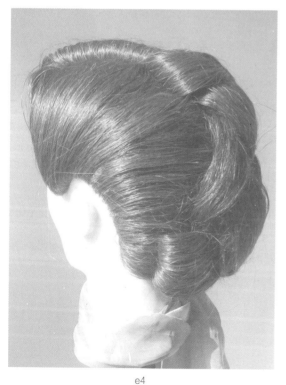

e4

f1

盘发造型

f2

项目三　设计侧头线盘发造型

f3

f4

图3-33 单侧线低位造型欣赏

盘发造型

PART

3

任务三
设计单侧线前位盘发造型

下面以图3-34和图3-35所示的盘发造型为例，介绍单侧线前位盘发技巧。

一、操作步骤

（1）如图3-36所示，分耳上线，分2∶8缝，组成前发区、左右侧发区和后发区。

（2）如图3-37和图3-38所示，将后发区和前发区的头发合并在一起，在侧前定位点梳成发束。

（3）如图3-39至图3-41所示，从发束分出一小束拧编成二股拉环辫，技法是"拧一搭二"反复两次，从第一股花中拉出少量发丝成环状，最后把发环辫团在发束的旁边形成花蕊。

（4）如图3-42和图3-43所示，从发束下方分第一股头发，穿过发辫底部拉向另一侧，展拉成半圆形片环，并用发卡固定。

（5）如图3-44和图3-45所示，从发束上方分出第二股头发，穿过发辫底部拉向另一侧，展拉成半圆形片环，并用发卡固定。从发束下方分出第三股头发。

（6）如图3-46和图3-47所示，把第三股头发穿过发辫底部拉向两发环的中间，展拉成片环，并且发卡固定。然后从发束上方分出第四股头发，穿过发辫底部，拉向两发环的中间，展拉成片环，并且发卡固定。将余下的发束分成四股。

（7）如图3-48所示，把四股头发，分别穿过发辫底部，梳成外围花形半圆形片环，技法与步骤（5）到步骤（6）相同。

（8）如图3-49至图3-51所示，把左、右侧发区的头发分别向上梳，发尾在发环后面呈十字交错。

（9）如图3-52和图3-53所示，把右发尾分成两股，上下交错后，分别打成两个发卷，向下的发卷发梢向侧下方自然下垂。将左发尾分成两股，上下交错。

（10）如图3-54所示，将交错的发股打成两个发卷，上边的发卷发梢自然向上散开。

二、适宜发长和结构形式

适宜发长：长发，31～40cm。

结构形式：发环与发卷组合。

三、单侧线前位造型欣赏

图3-55展示了7组单侧线前位造型，以供大家欣赏。学有余力的同学也可按照图上展示的范例，进行练习。

项目三　设计侧头线盘发造型

a

b

c

d

图3-34 单侧线前位范例图

盘发造型

a

b

图3-35 单侧线前位造型图

图3-36 步骤示意图1

图3-37 步骤示意图2

图3-38 步骤示意图3

图3-39 步骤示意图4

图3-40 步骤示意图5

图3-41 步骤示意图6

图3-42 步骤示意图7

图3-43 步骤示意图8

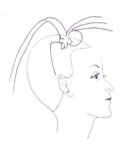

图3-44 步骤示意图9

图3-45 步骤示意图10

项目三　设计侧头线盘发造型

图3-46 步骤示意图11

图3-47 步骤示意图12

图3-48 步骤示意图13

图3-49 步骤示意图14

图3-50 步骤示意图15

图3-51 步骤示意图16

图3-52 步骤示意图17

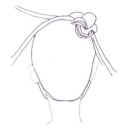

图3-53 步骤示意图18

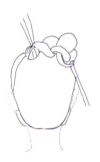

图3-54 步骤示意图19

盘发造型

a1

a2

a3

b1

b2

盘发造型

b3

c1

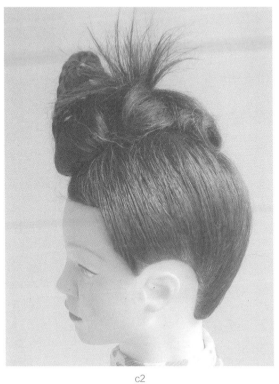

c2

c3

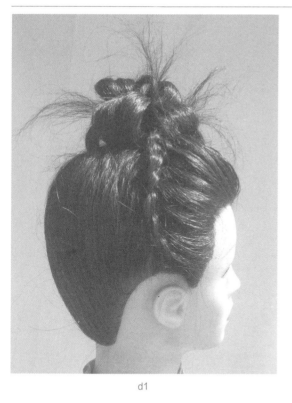

d1

d2

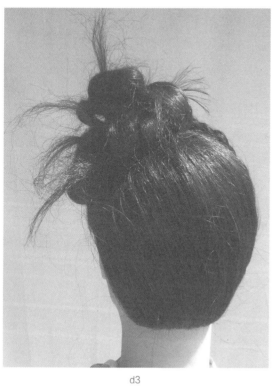

d3

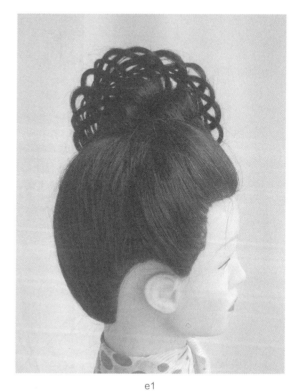

e1

盘发造型

e2

f1

f2

f3

项目三 设计侧头线盘发造型

g1

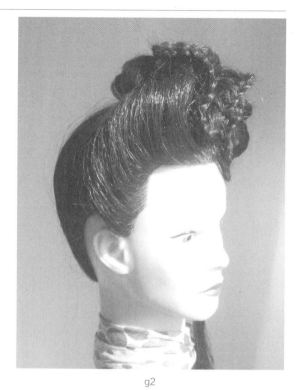

g2

g3

g4

图3-55 单侧线前位造型欣赏

盘发造型

PART

4

任务四
设计双侧线盘发造型

一、双侧线对称盘发造型

下面以图3-56和图3-57所示的盘发造型为例，介绍双侧线对称盘发技巧。

1. 操作步骤

（1）如图3-58所示，从前到后分中线，在双侧头线高定位处，束成左右两个大发束。分出三角形刘海发区，由左大发束里边分出一细股头发并拧成绳卷。

（2）如图3-59和图3-60所示，把左大发束分成前后两束。从前发束分一细股头发并拧成绳卷绕前发束一周，从前发束中再分出一细股头发，将它分成两半，与前绳卷的发尾一起拧成绳卷。

（3）如图3-61和图3-62所示，重复步骤（2）直到发束前端形成发环，发梢放在发环的下面。再把后发束分成两束。

（4）如图3-63和图3-64所示，将后发束再各自分两束，形成四股头发，把1、4股向上提，把2、3股在下方各打两个发卷。

（5）如图3-65所示，将上提的1、4股相互交叉后，在发卷上边各打一个发卷。

（6）如图3-66和图3-67所示，把右侧大发束分成前、后两束，从后发束的内侧分出一细股头发并拧成绳卷。

（7）如图3-68和图3-69所示，绳卷绕后发束一周后，把发尾夹在另一股中间一起拧成绳卷，反复绕发束至发束前端形成发环，发梢留出。

（8）如图3-70所示，把发梢放在发环下面，然后把前发区分成四股。

（9）如图3-71所示，参照步骤（4）和步骤（5）将各股头发打成发卷，刘海可随意设计。

2. 适宜发长和结构形式

适宜发长：超长发，41cm及以上。

结构形式：绳卷环与发卷组合。

项目三　设计侧头线盘发造型

a

b

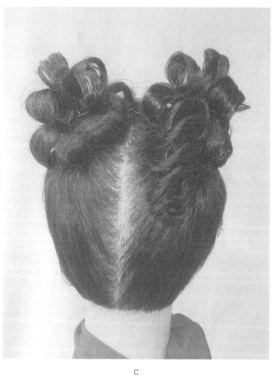

c

d

图3-56 双侧线对称范例图

盘发造型

a   b

图3-57 双侧线对称造型图   图3-58 步骤示意图1

图3-59 步骤示意图2

图3-60 步骤示意图3

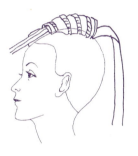

图3-61 步骤示意图4

图3-62 步骤示意图5

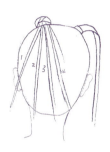

图3-63 步骤示意图6

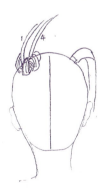

图3-64 步骤示意图7

图3-65 步骤示意图8

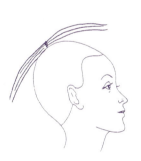

图3-66 步骤示意图9

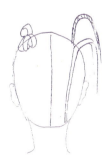

图3-67 步骤示意图10

项目三　设计侧头线盘发造型

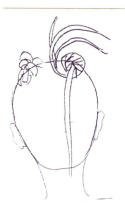 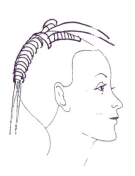 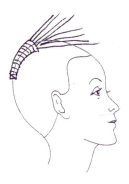 

图3-68 步骤示意图11   图3-69 步骤示意图12   图3-70 步骤示意图13   图3-71 步骤示意图14

二、双侧线非对称盘发造型

下面以图3-72和3-73所示的盘发造型为例，介绍双侧线非对称盘发技巧。

1. 操作步骤

（1）如图3-74所示，分2∶8缝，分耳上线至另一侧耳尖处，从2∶8缝延前发际线内3cm到另一侧1∶9缝处形成长方形前发区。2∶8缝下面为小侧发区，上面为大侧发区。

（2）如图3-75和图3-76所示，把小侧发区和后发区的头发在右侧高位线上梳成一大发束。

（3）如图3-77所示，大侧发区向下梳，在耳部束成发束。

（4）如图3-78所示，从右侧2∶8缝上发束处，向前额并向另一侧1∶9缝处编发辫。采用里加股外甩半股的三股辫技法直到鬓部，发尾单编三股辫。

（5）如图3-79所示，从高侧位发束的2∶8缝处，向前额部位编发辫，采用的是单侧加股辫。

（6）如图3-80和图3-81所示，从2∶8缝隙处向另一侧编发辫，方法是加第一股甩第三股半股，口诀为"一搭二加一,三搭一甩三"，直至另一侧1∶9缝处。再向下编发辫直至耳部，口诀为"一搭二，三搭一甩三"。

（7）如图3-82至图3-84所示，甩出的发股编成单侧三股加股辫，至甩发股编完为止。先编"一搭二,三搭一"，然后按照"一搭二,三搭一加三"的技法反复编至发尾。

（8）如图3-85所示，将上下两层发辫发尾绕在耳部发束上，把发束分成三股。

（9）如图3-86所示，第一、二股向上各打一个发环，发尾在中间打一小发环，第三股自然下垂。

（10）如图3-87和图3-88所示，从侧高位发束分出四股，每股拉成发片后做成S形，组成旋转的圆形体。

2. 适宜发长和结构形式
适宜发长：长发，31～40cm。
结构形式：两层辫与发环组合。

三、双侧线对称、非对称造型欣赏

图3-89展示了12组双侧线对称、非对称造型，以供大家欣赏。学有余力的同学也可按照图上展示的范例，进行练习。

a

　　　　　盘发造型

b   c

图3-72 双侧线非对称范例图

项目三 设计侧头线盘发造型

a   b

图3-73 双侧线非对称造型图

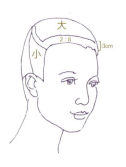

图3-74 步骤示意图1

图3-75 步骤示意图2

图3-76 步骤示意图3

图3-77 步骤示意图4

图3-78 步骤示意图5

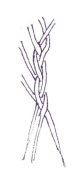

图3-79 步骤示意图6

图3-80 步骤示意图7

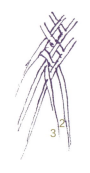

图3-81 步骤示意图8

图3-82 步骤示意图9

图3-83 步骤示意图10

盘发造型

图3-84 步骤示意图11

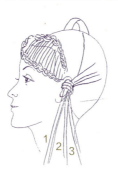

图3-85 步骤示意图12

图3-86 步骤示意图13

图3-87 步骤示意图14

图3-88 步骤示意图15

a1

a2

a3

a4

盘发造型

b1

b2

b3

b4

项目三　设计侧头线盘发造型

c1

盘发造型

c2

c3

c4

d1

项目三 设计侧头线盘发造型

d2

d3

e1

e2

盘发造型

e3

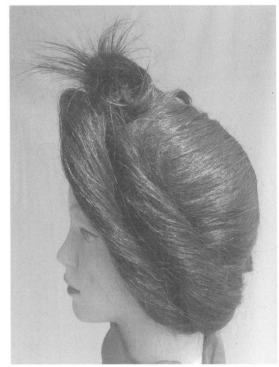

e4

f1

f2

f3

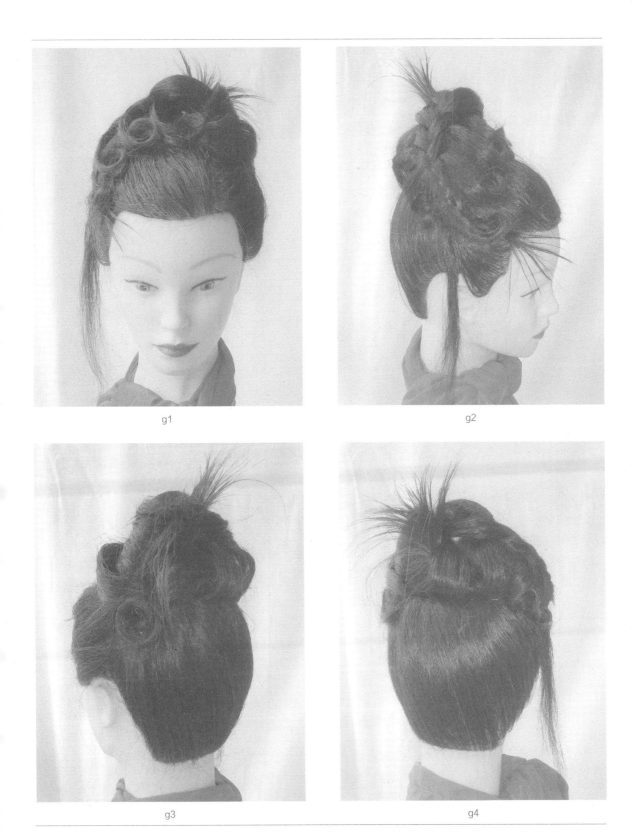

g1

g2

g3

g4

项目三　设计侧头线盘发造型

h1

h2

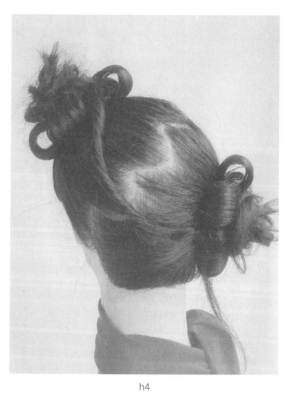

h3

h4

盘发造型

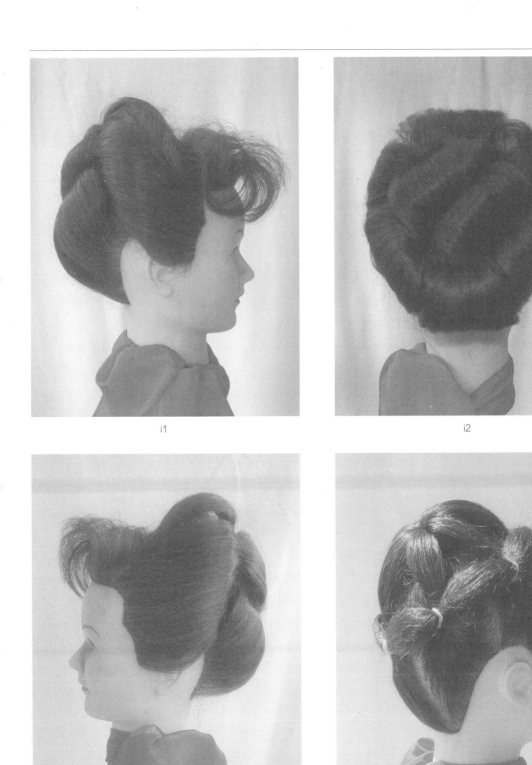

i1

i2

i3

j1

项目三 设计侧头线盘发造型

j2

j3

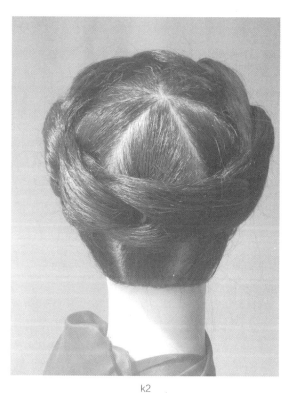

k1

k2

盘发造型

k3

l1

l2

l3

项目三　设计侧头线盘发造型

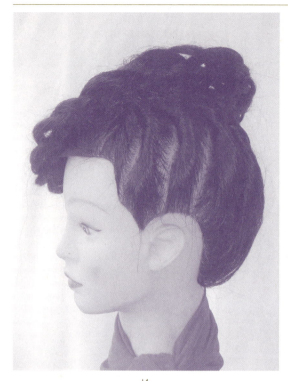

14

图3-89 双侧线对称、非对称造型欣赏

练一练

1. 请根据顾客的条件，设计并制作一款单侧线高位盘发造型。

2. 请根据顾客的条件，设计并制作一款单侧线低位盘发造型。

3. 请根据顾客的条件，设计并制作一款单侧线前位盘发造型。

4. 请根据顾客的条件，设计并制作一款双侧线盘发造型。

盘发造型

STYLE

[4]

项目四
掌握盘发造型技法

在学习了盘发的基础知识和基本盘发技法后，就可以结合顾客的生活实际、头发的现状，灵活运用盘发的基本技巧（包括推波纹、做卷筒、刷发片等方法），梳理出特别的纹理效果，再选择适当的饰品加以点缀。下面介绍将曲发、直发、长发、短发进行特色盘发造型的技巧。

PART

1

任务一
掌握短发基本盘发技法

一、短发短梳理造型范例

1. 范例简介

顾客头发原型如图4-1所示，图4-2所示的是短发短梳理造型后的效果。

2. 操作步骤

（1）如图4-3所示，将刘海区头发逆梳成一片大发片后，做手推平行波纹，用鸭嘴夹暂时固定发型。

（2）如图4-4所示，喷胶定型。

（3）如图4-5所示，拆鸭嘴夹，此时发型饱满。将后颈区发片以90°角提升，逆梳再调整，使后颈区头发直立。

二、短发长梳理造型范例

1. 范例简介

顾客头发原型如图4-6所示，图4-7所示的是短发长梳理造型后的效果。

2. 操作步骤

（1）如图4-8所示，将头顶头发上恤发卷，使头发卷曲。

（2）如图4-9所示，将头顶头发梳理成大波纹。

（3）如图4-10所示，将后颈头发做包发，收藏发尾。

（4）若想做不收藏发尾的造型，则如图4-11所示，将两侧头发在中间夹紧。

（5）如图4-12所示，逆梳发尾，调整发尾做发条造型。此时，可根据顾客实际情况，在中间摆形或斜向一侧造型。

项目四　掌握盘发造型技法

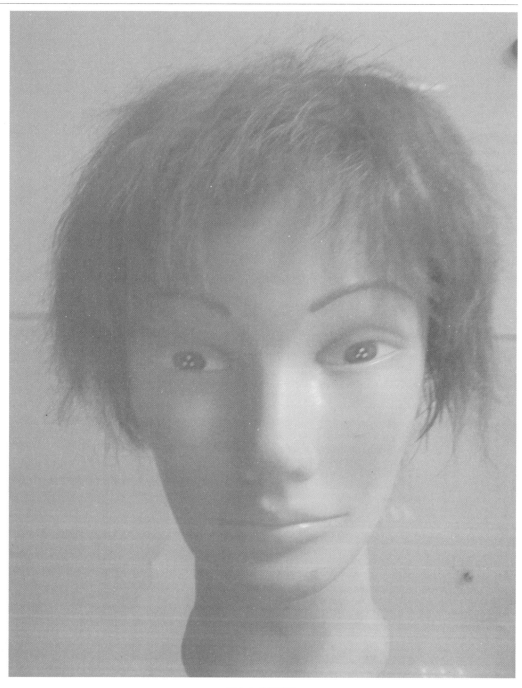

图4-1 头发原型

盘发造型

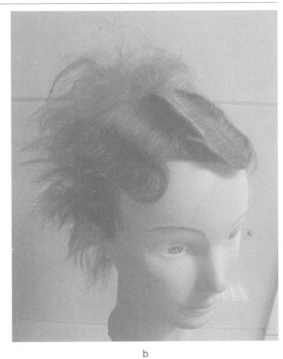

a   b

图4-2 短发短梳理造型后的效果图

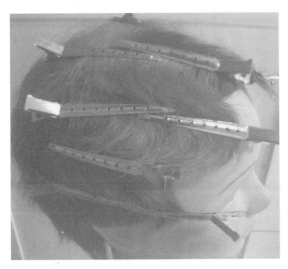

图4-3 手推平行波纹   图4-4 喷发胶

项目四　掌握盘发造型技法

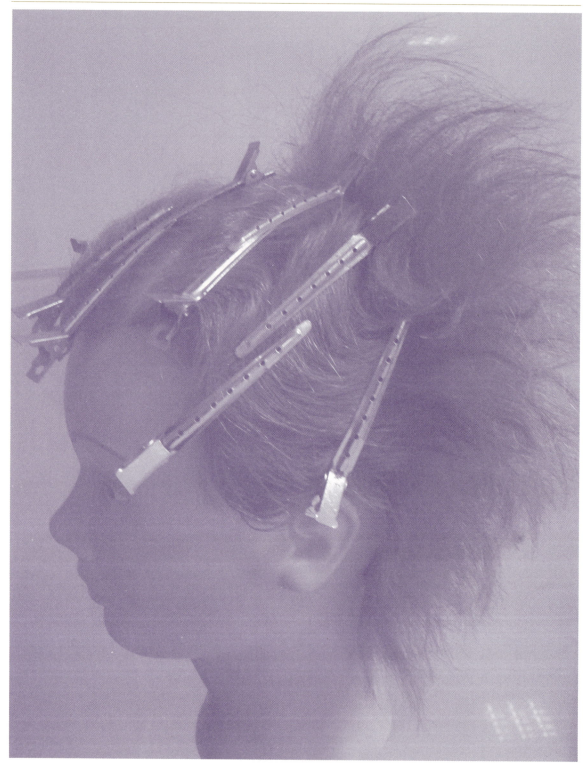

图4-5 90°提升发片后整理

盘发造型

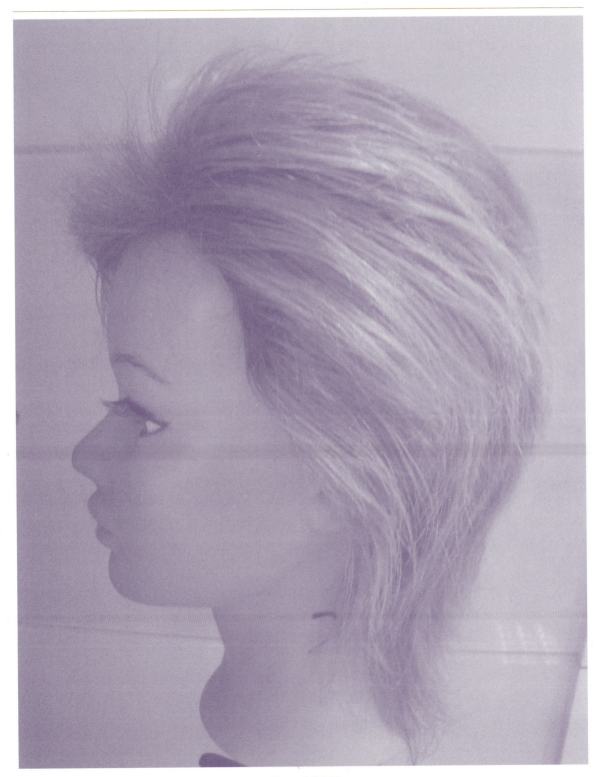

图4-6 头发原型

a

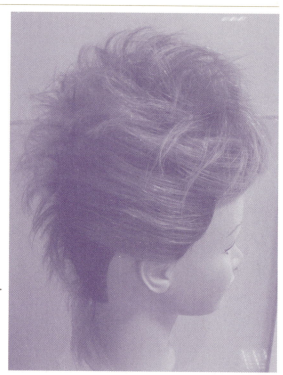

b

c

图4-7 短发长梳理造型后的效果图

图4-8 卷曲头顶头发

盘发造型

图4-9 摆大波纹

图4-10 作包发

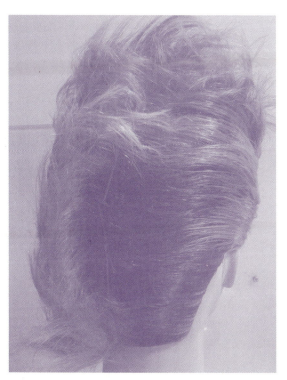

图4-11 不作包发效果

图4-12 发尾效果

项目四　掌握盘发造型技法

PART

2

任务二
掌握长发基本盘发技法

一、"8"字卷造型范例

1. 范例简介

"8"字卷造型适用于长直发和头顶上的造型。造型效果如图4-13。

2. 操作步骤

（1）如图4-14和图4-15所示，将发片逆梳后，梳顺发片表面，向根部单卷发片。

（2）如图4-16至图4-19所示，将发片按纹理斜45°做单卷，用鸭嘴夹固定。逆梳发尾，按纹理斜45°再做一个发卷，并向第一个发卷靠拢。整理发卷，呈圆弧形衔接。

（3）如图4-20至图4-22所示，整理第二个发卷，用鸭嘴夹固定。发尾继续反向做发卷。最后各个发卷紧密相连，并成90°角。

二、波纹技法造型范例

1. 平行波纹造型范例

（1）范例简介。

平行波纹范例造型如图4-23所示，发型的波纹相互平行。

（2）操作步骤。

① 如图4-24所示，分好发片，逆梳，梳顺发片表面，喷胶，确保发片光滑平整。

② 如图4-25所示，梳齿向下，在预定的位置梳齿穿过发片，用梳子将整片发片带向一边。

③ 如图4-26所示，发梳向前推起发片，使发片出现隆起状波纹，用鸭嘴夹固定波纹根部。

④ 如图4-27所示，再用同样的方法，将发片向反方向推动，并向前一个鸭嘴夹下夹的位置平行推动发片，推出隆起波纹，用鸭嘴夹固定。

⑤ 如图4-28所示，最后发尾藏入前一个波纹下，此时，鸭嘴夹和波纹呈平行状。

⑥ 如图4-29所示，喷发胶固定后，拆下鸭嘴夹。在发片下发片隆起处，用小卡子固定波纹。整理头发注意不要漏出卡子。

2. 手推波纹"8"字造型范例

（1）范例简介。

手推波纹"8"字造型范例如图4-30所示。它的前期做法与平行波纹手法相同只是波纹不再平行，而是后面的波纹向前面的波纹根部靠拢，波纹间的头尾相互连接，呈"8"字形。

（2）操作步骤

① 如图4-31所示，扎高马尾，将马尾分三份，发片逆梳，梳顺发片表面。

② 如图4-32所示，设定发片的长度，将发片从根部起向左、右方向按"8"字形推波纹。用鸭嘴夹暂时固定。

③ 发片向左右推动，将发片互相连接，发尾藏于前一个波纹下，如图4-33和图4-34所示。拆下鸭嘴夹后，用小卡子固定。

④ 可直接用一片头发来完成，也可用前片先做向左（或右）的一个波纹，再接一片头发来完成向右地推发，使发片的跨度增长。

三、交叉包手法造型范例

1. 范例简介

交叉包手法造型适用于中长碎发和头部后面的造型。头发的纹理走向如图4-35所示，造型效果如图4-36所示。

2. 操作步骤

（1）如图4-37所示，用"A"型分区，最下面留1条发束，用作轴心。

（2）如图4-38所示，发片逆梳，拉至头部中间，将头发表面梳理光滑。

（3）如图4-39所示，发片以360°绕轴心的发束一圈。

（4）如图4-40所示，用发夹固定，注意将轴心的头发一起固定。

（5）如图4-41所示，将发尾和轴心发条一起用作下一片的轴心。

（6）如图4-42所示，交错取相对各区的发片围绕轴心作包发，完成后的发尾可作卷筒或波纹等。

a

盘发造型

b

c

图4-13 "8" 字卷造型图

图4-14 逆梳发片

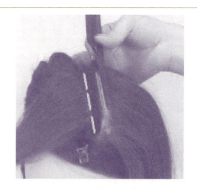

图4-15 向根部单卷发片

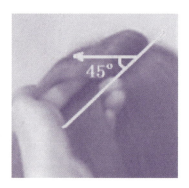

图4-16 做45° 单卷

图4-17 逆梳发尾

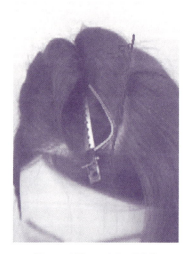

图4-18 单卷45° 向第一卷靠拢

图4-19 两卷筒间成圆弧形

盘发造型

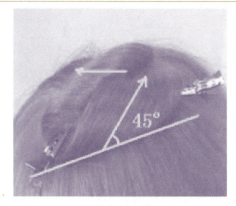

图4-20 卷筒纹理成45°

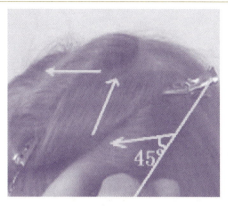

图4-21 反向做卷筒

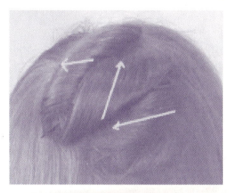

图4-22 卷筒间相连成90°角

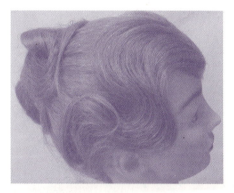

图4-23 平行波纹造型图

图4-24 梳发片

图4-25 将发片带到一侧

项目四 掌握盘发造型技法

图4-26 推出波纹

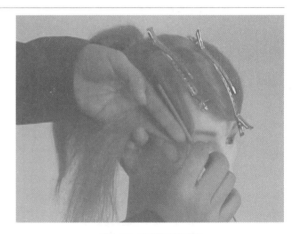

图4-27 反方带动推波纹

图4-28 平行波纹

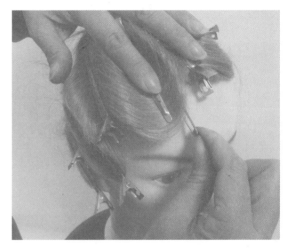

图4-29 整理

盘发造型

图4-30 "8"字手推波纹造型图

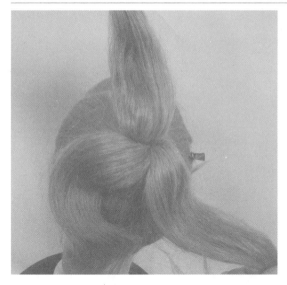

图4-31 分发片

图4-32 推波纹

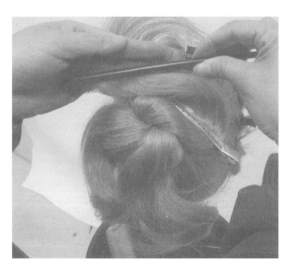

图4-33 波纹首尾连接

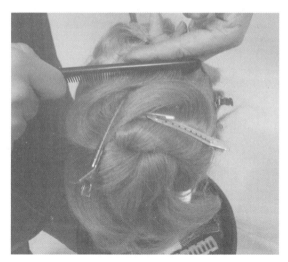

图4-34 藏发尾

盘发造型

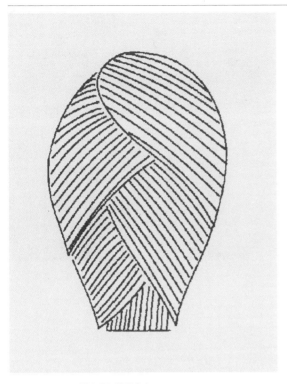

图4-35 纹理走向

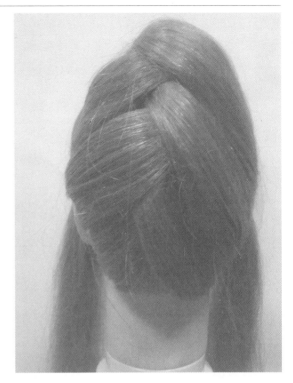

图4-36 交叉包造型图

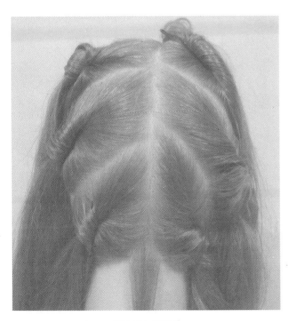

图4-37 分发区

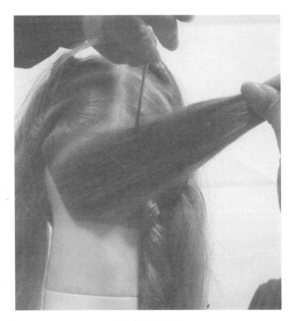

图4-38 提拉发片

项目四 掌握盘发造型技法

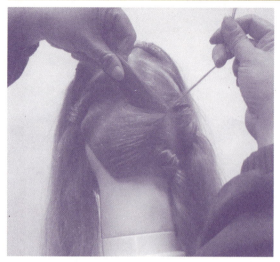

图4-39 绕轴心转360°

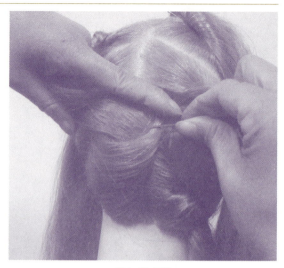

图4-40 固定

图4-41 做下一片发片

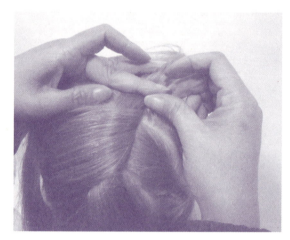

图4-42 交叉

盘发造型

PART

3

任务三
制作与选择盘发饰物

饰物是作为点缀或衬托发型的各类装饰物件。在盘发造型中,巧妙地运用饰物可使发型"锦上添花"。因此了解饰物选配知识及掌握简单的饰物制作方法是非常有必要的。

一、盘发饰物选配的原则和要求

饰物选配时必须遵循一定的原则和要求,讲究方法和技巧。

1. 符合发型的风格和特点

每一款发型都具有自身的风格和特点,有相适应的场合。饰物作为装饰物,必须根据发型的创作理念加以选配,否则会风马牛不相及。例如:中式新娘盘发,应配红花为宜;又如西式新娘盘发,一般以白色婚纱居多,适宜佩戴素雅的珠花等饰物。

2. 注重发型的效用和审美

饰物的选配是设计盘发的一个组成部分,能突出和衬托发型的整体美,必须符合审美的要求,适宜使用款式新颖、工艺细致的头饰。

3. 注意饰物色彩搭配

饰物的颜色应与服饰、发型妆型相协调,形成一种色彩的呼应关系;也可以运用色彩的对比方法,起到画龙点睛的作用。色彩的对比搭配可以是深浅搭配,冷暖搭配等。

二、盘发饰物的种类

盘发饰物多种多样,根据饰物的质地不同可分成以下几类:

1. 花朵(图4-43)

在盘发造型中,可选玫瑰、紫荆花、百合花、满天星等。插花的部位与发型的格调密切相关,一般可插成环状或在左侧、右侧单侧进行,多用在新娘妆造型,可根据情况用真花或假花。使整体造型协调。

2. 珠饰、钻饰(图4-44)

因为珍珠、钻饰等饰物能够突出发型的高贵、典雅,体现主人的身份与气质,多用在晚宴造型。与晚礼服交相辉映。选配时一定要注意少而精,根据发型款式的需要选择不同形状的饰品。形状有圆形、方形、三角形、树叶形等。颜色多以白、金、银三色为主。

3. 彩色发条(图4-45)

发型设计时要使发型层次分明,可搭配彩色发条增加发型的动感,常用于发型表演或发型比赛中。在使用时,将彩色发条连接在真发片的表面或镶嵌在发片的边缘,借助卡子与发胶固定即可使发型的线条秀美而别致。

4. 植物(图4-46)

运用各种绿色树叶或枝条作为盘发的饰物,主要体现作者的创作意图,多用在发型表演中,突出人与自然的和谐美。

5. 假发(图4-47)

假发是运用人造纤维或天然头发制成各种形状及不同的发色。将这种独特的饰物与盘好的发型,或与半成品的盘发造型有机地结合在一起,应用场合广泛,可起到以假乱真的效果,如假的齐刘海、卷曲的发条等。

项目四　掌握盘发造型技法

6. 彩色发胶

使用各种颜色的发胶，会令发型的线条明显、突出，更有层次感。在选择颜色时，生活盘发可用少许深色发胶；表演盘发可用较浅或鲜艳些的颜色。在操作时可将头发喷成单一的颜色效果或从浅到深的渐变效果。

7. 羽毛（图4-48）

羽毛的种类包括孔雀毛、公鸡毛、鹅毛等。可以根据发型需要选择不同形状，甚至可以染成需要的颜色。羽毛饰物多用于表演。

盘发造型中运用的饰物，还有很多种，如彩色棉线、彩色发带（图4-49）、人造丝、金银铜（图4-50）等金属物。这些饰物选配大多来源于美发师的创作灵感及设计构思。

三、盘发饰物的制作

盘发中所见到的形态各异的饰物，并不都是成品，很多都是由美发师自己精心制作而成的。

饰物制作的方法有很多种，在这里，简单地介绍四种：两种是用钻制作的饰物，另两种是用头发制作的饰物。这几种方法现今比较常用，也很流行。

（一）钻饰制作1

1. 制作工具

易熔胶枪、胶棒、散钻若干、U型卡、镊子、白纸、笔、剪刀、黑色硬纱（图4-51）。

2. 制作方法

（1）设计形状：先在纸上画出预想的形状，如，圆形、菱形、叶子形等，并设计出大钻、小钻所摆放的位置。

（2）粘贴：将黑色硬纱平放在设计纸上，用胶枪把胶点到设计位置上，用镊子夹起钻，按照设计图纸上的形状直接粘在胶上。制作时，分小部分逐步完成。大小不同的钻可以粘一层，也可错落有致地粘出两层，使其更有立体感。

（3）修形：待胶变硬后，用剪刀将多余的黑纱剪掉，露出所需要的形状。然后将一个U型卡粘到成形钻饰的背面，以便造型固定之用。

做好一个完整的钻饰品后，再用同样的方法继续制作。以做4～6个为宜（图4-52）。

（二）钻饰制作2（图4-53）

1. 所用工具

铁丝、散钻若干、U型卡、镊子、剪刀、彩色饰珠、易熔胶枪、胶棒。

2. 制作方法

（1）固定钻和彩珠，铁丝剪成适宜长度，用铁丝回形固定，固定间隔按设计要求来定，铁丝数量按设计要求定。

（2）制作：把数条铁丝按设计扭结在一起，注意扭紧。

（3）调形：按设计要求，把铁丝绕手指或小圆筒，制作一定的弧度，再按设计摆放。

（4）修形：用剪刀或钳子剪去多余铁丝。用溶胶把剪口封好，以免扎人。

（三）假发饰制作1

1. 所有工具

易熔胶枪、胶棒、假发（或真发）、漂染用具、剪刀、发胶、尖尾梳、卷发钳、吹风机、U型卡、散钻若干。

2. 制作方法

（1）设计：用假发做成六瓣玫瑰花或其他花形的假发饰。

（2）发片：首先将六小束头发分别用皮筋扎好，用渐变漂染法，将头发染成玫瑰红色，（发根处深、发尾处最浅），按设计要求用卷发钳把发尾按设计卷弯，喷上发胶，用发梳将头发梳成花瓣状。

（3）制作：按造型设计将发片摆成花朵状，摆放成型，并喷上发胶，要逐层逐片进行。

　　　　盘发造型

（4）调形：调整每层发片的空隙，在发根中间粘上几根带钻的头发做花蕊。完成之后，在底部粘上U型卡。用头发做花，可根据花的大小及发型的需要来确定制作的个数。

（四）假发饰制作2（图4-54）

1. 所有工具
易熔胶枪、胶棒、假发（或真发），漂染用具、剪刀、发胶、尖尾梳、卷发钳、吹风机、U型卡、散钻若干。

2. 制作方法
（1）设计：用假发做设计，用胶枪把它们连接，也可以先用皮筋扎好再用溶胶连接。

（2）染色：按设计要求，运用漂染技术，将发片染出预设的变化色彩，发根处深，发尾处最浅（或按设计染成发尾浅，发根深的效果）。

（3）制作：用卷发钳把发尾按设计卷弯，按造型设计梳理发丝，摆放成型，并喷上发胶，要逐层逐片进行。

（4）装饰：调整每层发片的空隙，在发片和中部相衬的粘上散钻。完成之后，在底部粘上U型卡。

用头发做花，可根据花的大小及发型的需要来确定制作的个数。

盘发饰物的制作，就像盘发造型一样，也需要美发师具有一定的创造能力及动手能力，并有相应的审美鉴赏能力。发饰的制作也是变化无穷的，没有一定的规则和模式，美发师可充分发挥自己的想象，制作出更多、更精美的发饰作品。

图4-43 各色花朵

图4-44 珠饰、钻饰

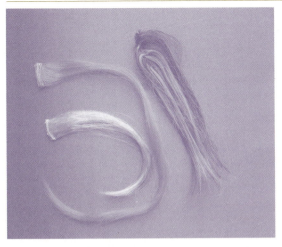

图4-45 彩色发条

图4-46 植物

图4-47 假发

图4-48 羽毛

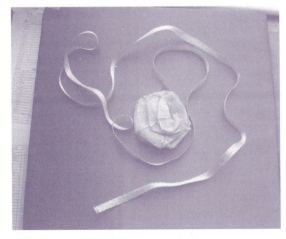

图4-49 彩色发带

图4-50 金属物

项目四 掌握盘发造型技法

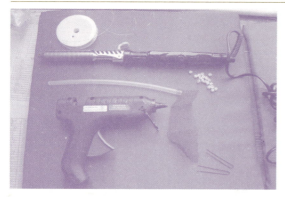

图4-51 工具

图4-52 钻饰1

图4-53 钻饰2

图4-54 假发饰

练一练

1. 请根据顾客的条件，设计并制作一款短发盘发造型并在适当的位置添加饰品。

2. 请根据顾客的条件，设计并制作一款长发盘发造型并在适当的位置添加饰品。

3. 请根据顾客的条件，设计并制作一款综合盘发造型并在适当的位置添加饰品。

STYLE

[5]

项目五
欣赏全国职业院校技能
大赛盘发造型优秀作品

盘发造型是美发美容与形象设计技能性很强的专业技艺之一，需要发型师掌握盘发的基本原理和技术技巧，还要具备发式造型设计各方面的专业知识、审美意识等，才能把盘发造型技术真正地表现出来。再通过堆砌、盘束、编结等基本技巧结合运用达到造型的目的，且发丝富有光泽，发块、发束、分配组合结构合理，适合模特的脸型、气质、场合等要素。造型优美，突出艺术性和流行性相结合的特点。

发型师通过脑、眼、手并选用适当的饰品，运用盘发技巧知识，最后才能完成理想的发型造型效果。通过前面盘发基本技术技巧的解析，学习者已初步了解创作盘发的基本技巧，下面几款盘发造型是近几年全国职业院校在读学生的部分优秀代表作品，它们将盘发基本技法和国际造型元素有机地结合，创作出了别具一格的视觉效果。

PART 1

任务一
欣赏新娘盘发造型

新娘妆造型的盘发设计优良与否会直接影响到新娘整体形象的视觉效果，发型的设计要与新娘的身高、体型、脸型、气质、服饰相协调，要起到烘托新娘妆主题氛围的效果。梳理时要求线条清晰、流畅，造型自然，发丝富有光泽，突出盘梳功底；突出新娘妆创意主题；艺术性与可流行性相结合，体现个性特征。

图5-1和图5-2所示的是2009年全国职业院校技能大赛——美发与形象设计新娘化妆整体造型获奖作品。图5-3和图5-4所示的是2010年获奖作品。

PART 2

任务二
欣赏晚宴盘发造型

晚宴发型与服装款式风格、模特脸型的整体效果协调统一，能很好地烘托妆型的效果。晚宴发型头发式样上的变化不用过多，但要结合各种时尚元素，用各种做工精细的头饰给晚宴发型增添色彩。晚宴发型趋向个性化和多样化，以体现女性的高贵和典雅为主打风格。发型效果要亮丽流畅，具有时代感，突出实用性和可流行性。

图5-5和图5-6所示的是2009年全国职业院校技能大赛——美发与形象设计晚宴化妆整体造型获奖作品。图5-7和图5-8所示的是2011年获奖作品。

图5-1 侧面造型

图5-2 正面造型

盘发造型

图5-3 后面造型

图5-4 正面造型

图5-5 正面造型

图5-6 侧面造型

项目五　欣赏全国职业院校技能大赛盘发造型优秀作品

图5-7 侧面造型

图5-8 正面造型

练一练

1. 请根据顾客的条件，设计并制作一款旗袍装典雅新娘盘发造型。

2. 请根据顾客的条件，设计并制作一款婚纱时尚新娘盘发造型。

3. 请根据顾客的条件，设计并制作一款晚宴盘发造型。

图书在版编目（CIP）数据

盘发造型 / 刘文华，周京红主编. —— 北京：高等
教育出版社，2013.9（2021.7重印）
美发与形象设计专业
ISBN 978-7-04-035008-1

Ⅰ. ①盘… Ⅱ. ①刘… ②周… Ⅲ. ①理发 - 造型设
计 - 中等专业学校 - 教材 Ⅳ. ①TS974.21

中国版本图书馆CIP数据核字（2013）第096899号

策划编辑	高 婷
责任编辑	司马镭
书籍设计	张志奇
插图绘制	尹 莉
责任校对	殷 然
责任印制	耿 轩

出版发行　高等教育出版社

社　　址　北京市西城区德外大街4号

邮政编码　100120

咨询电话　400-810-0598

网　　址　http://www.hep.edu.cn

　　　　　http://www.hep.com.cn

网上订购　http://www.landraco.com

　　　　　http://www.landraco.com.cn

印　　刷　河北信瑞彩印刷有限公司

开　　本　787mm×1092mm 1/16

印　　张　10.25

字　　数　290千字

购书热线　010-58581118

版　　次　2013年9月第1版

印　　次　2021年7月第6次印刷

定　　价　25.00元